Bibliografische Information der Deutschen Nationalbibliothek:

Die Deutsche Bibliothek verzeichnet diese Publikation in der Deutschen Nationalbibliografie; detaillierte bibliografische Daten sind im Internet über http://dnb.d-nb.de/ abrufbar.

Impressum:

Druck und Bindung: Books on Demand GmbH, Norderstedt Germany
ISBN: 978-3-668-18082-6

Dieses Buch bei GRIN:

http://www.grin.com/de/e-book/318298/organischen-saeuren-alkohole-carbonsaeuren-und-phenole-im-vergleich

Mike G.

Organischen Säuren. Alkohole, Carbonsäuren und Phenole im Vergleich

GRIN Verlag

Organische Säuren

Alkohole, Carbonsäuren und Phenole

Vorwort

In der Organik gibt es drei Klassen von Säuren: Alkohole, deren oxidierte Form Carbonsäuren und Phenole, welche eigentlich nur aromatische Alkohole sind, wegen ihren einzigartigen Eigenschaften aber als eigene Gruppe angesehen werden. In dieser Arbeit beschäftigen wir uns mit den Eigenschaften dieser drei Gruppen von organischen Säuren und deren Nomenklatur, was die Grundlagen bildet. Darüber hinaus werden die Reaktionen der einzelnen Säuren aufgelistet, erklärt und bildhaft veranschaulicht. Dafür hat Professor Doktor Blumes und der Chemielehrer eines gymnasialen Leistungskurses zahlreiche Bilder verfasst, welche in dieser Arbeit aufgenommen wurden. Die Phenole beschränken sich nur auf Synthesewege und Nachweisreaktionen, da Phenole einerseits sehr aufwendig herzustellen sind (und eine Übersicht an dieser Stelle sehr viel Zeit für eine Internetrecherche erspart) und im Bereich der Farbstoffe eine große Rolle spielen, welcher in dieser Arbeit nicht explizit aufgeführt wird. Jedoch kann diese Arbeit ruhigen Gewissens als Prüfungsvorbereitung, Hintergrundwissen für ein Studium oder für den interessierten Heimchemiker genutzt werden.

Inhaltsangabe bzw. Überblick

Alkohole

Aliphatische Kette mit Hydroxylgruppe (R – O – H)

Nomenklatur

Homologe Reihe	
CH_3OH Methanol	**CH_3CH_2OH Ethanol** etc.

1. Längste ununterbrochene Kohlenwasserstoffkette gibt den Alkannamen vor.
2. Funktionelle OH-Gruppe wird mit -ol als Endung des Alkannamens gekennzeichnet.
3. Kleinstmögliche Positionsziffer für die Hydroxylgruppe wählen und zwischen Alkannamen und Endung -ol einfügen.
4. Wenn sich ein weiterer, nicht funktionalistischer Substituent an der Kette befindet, bekommt die funktionelle Gruppe die kleinstmögliche Positionsziffer.

=> **$CH_3CH_2CH_2CH(CH_2CH_3)CH_2OH$** heißt 2-Ethylpentan-1-ol, obwohl längste Kette Hexan ist.

Unterscheidung

Wertigkeit	Charakter des C - Atoms
Unterscheidung nach Anzahl der OH – Gruppen.	Anzahl der an das C – Atom gebundenen Restteilchen.

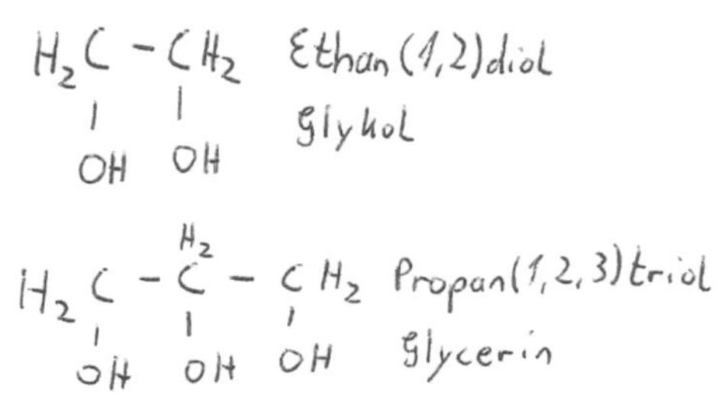

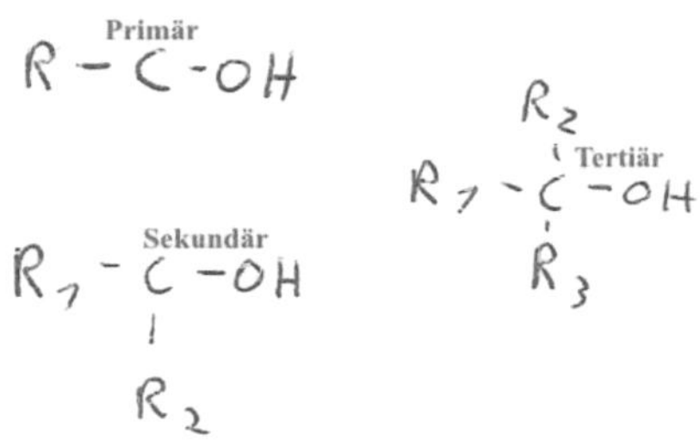

Reaktivität der Alkohole.

Induktiver Effekt macht tertiäre Alkohole anfällig für nukleophile Angriffe S_N1 oder E_1 Eliminierung (Carbocation wird stabilisiert).
S_N2 und E_2 bei primären Alkoholen wegen Destabilisierung.

Eigenschaften der Alkohole

Schmelz- und Siedepunkte

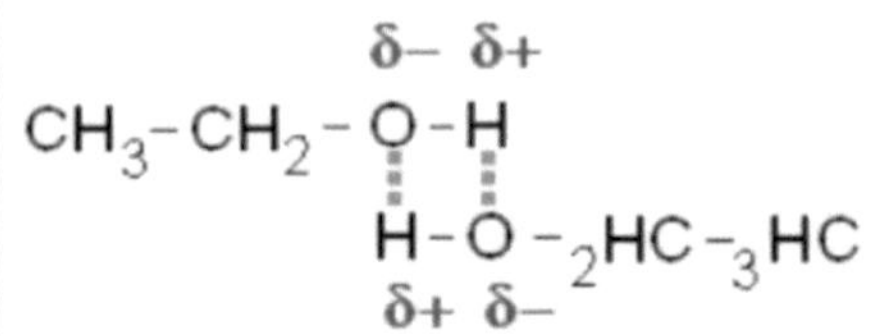

Mit zunehmender Kettenlänge nehmen die Schmelz- und Siedepunkte ab, da VAN-DER-WAALS – Kräfte zunehmen, welche schwächer als Wasserstoffbrückenbindungen sind.
Mit zunehmender Wertigkeit, steigen Schmelz- und Siedepunkte.
Alkohole gehen untereinander **Wasserstoffbrückenbindungen** ein, weshalb deren Schmelz- und Siedepunkte höher sind, als jede der Alkane.

Löslichkeit

Alkylrest ist unpolar, Hydroxylgruppe ist polar. Mit zunehmender Kettenlänge nimmt deshalb die Wasserlöslichkeit ab, weil sich in Wasser nur Dipole lösen lassen.
Polare Lösungsmittel lösen primäre Alkohole, unpolare lösen tertiäre Alkohole.

Reaktionen der Alkohole

Säure-Base – Reaktionen

(a) Alkoholatbildung (Base)

Phenol ist eine bessere Säure als aliphatisches Alkohol, da die Hydroxylgruppe einen +M – Effekt besitzt und Elektronen in den Ring drückt, wodurch dieser stabilisiert wird.

$$H-OH + Na \longrightarrow HO^- + Na^+ + \tfrac{1}{2} H_2\uparrow$$

$$R_3C-\ddot{O}H + Na \longrightarrow R_3C-\ddot{O}:^{\ominus} + Na^{\oplus} + 1/2\, H_2\uparrow$$

(b) Protonierung der Hydroxylgruppe (Säure)

$$R-OH + H^+ \longrightarrow R-\overset{+}{O}H_2$$

Redox Reaktionen

(a) ***Oxidation eines primären Alkohols → Aldehyd → Carbonsäure***

$$2CH_3-CH_2-OH \xrightarrow{+O_2} 2\,CH_3-\overset{\overset{\Large /O\backslash}{\|}}{C}H + 2H_2O$$

$$2\,CH_3-\underset{H}{C}=O\rangle \xrightarrow{+O_2} 2\,CH_3-\overset{\overset{/O\backslash}{\|}}{C}-OH$$

(b) ***Oxidation eines sekundären Alkohols → Keton***

$$2\,CH_3-\underset{\underset{OH}{|}}{C}H-CH_3 + O_2 \longrightarrow 2\,CH_3-\underset{\underset{\backslash O/}{\|}}{C}-CH_3 + 2H_2O$$

Nukleophile Substitutionen

(a) Unimolekulare nukleophile Substitution (S_N1)

Alkohol + Alkohol → Wasser und Ether

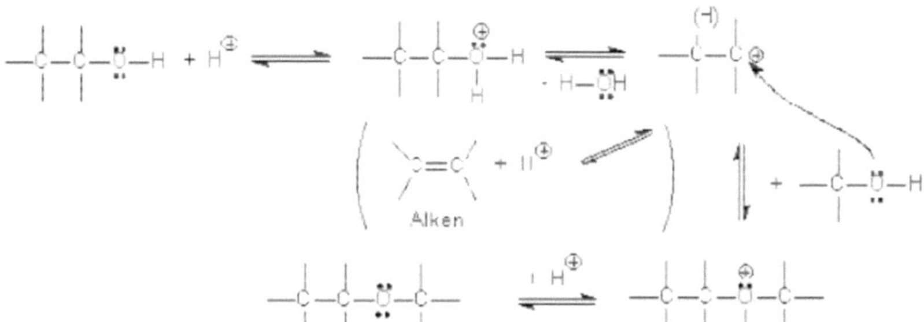

Gesamt: R-OH + R-OH ⟶ R-O-R + H_2O

(b) Bimolekulare nukleophile Substitution (S_N2)
Alkohol + Alkohol → Wasser und Ether

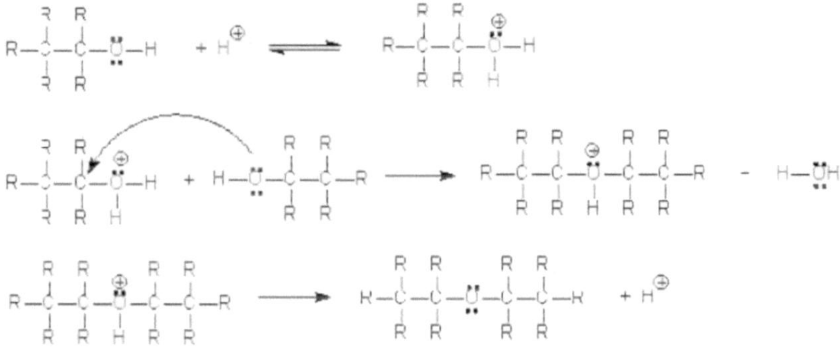

Bildung anorganischer Ester
Alkohol + Säure → Ester + Wasser.

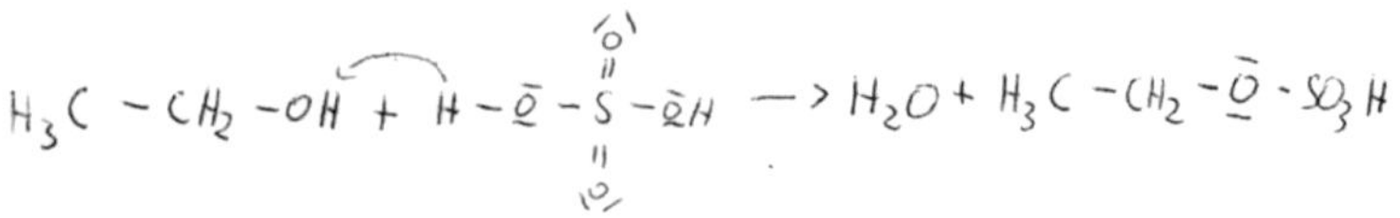

Produktion der Alkohole

Hydrolyse von Halogenalkanen nach S_N1 oder S_N2

$$R{-}Cl + NaOH \xrightleftharpoons{S_N1 \text{ oder } S_N2} R{-}OH + NaCl$$

<u>Carbonsäuren</u>

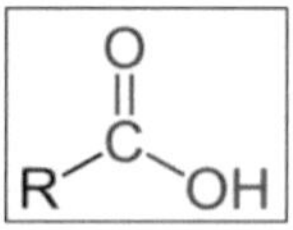

Funktionelle Gruppe: Carboxylgruppe.
Nomenklatur:

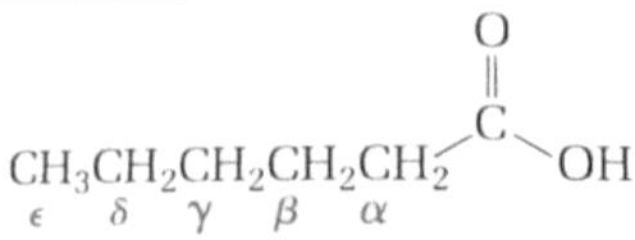

Die Nummerierung beginnt an der funktionellen Gruppe und Nebengruppen werden mit griechischen Kleinbuchstaben gekennzeichnet.

Es werden aber viele Trivialnamen benutzt, da die Erforschung der Carbonsäuren ein beliebtes Thema in der Chemie war, man sich aber der Stoffklasse nicht bewusst war und somit eigene Namen vergab.

Formel	**Name**	**Trivialname**	**Salzname**
HCOOH	Methansäure	Ameisensäure	Formiate
H_3C-COOH	Ethansäure	Essigsäure	Acetate
H_3C-CH_2-COOH	Propansäure	Propionsäure	Propionate

$H_3C\text{-}(CH_2)_2\text{-}COOH$	Butansäure	Buttersäure	Butyrate
$H_3C\text{-}(CH_2)_3\text{-}COOH$	Pentansäure	Valeriansäure	Valeriate
$H_3C\text{-}(CH_2)_4\text{-}COOH$	Hexansäure	Capronsäure / Ziegensäure	Capronate
$H_3C\text{-}(CH_2)_5\text{-}COOH$	Heptansäure	Önanthsäure	Hephatonate
$H_3C\text{-}(CH_2)_6\text{-}COOH$	Octansäure	Caprylsäure	Caprate
$H_3C\text{-}(CH_2)_7\text{-}COOH$	Nonansäure	Pelargonsäure	Pelargonate
$H_3C\text{-}(CH_2)_8\text{-}COOH$	Decansäure	Caprinsäure	Caprinate
$H_3C\text{-}(CH_2)_9\text{-}COOH$	Dodecansäure	Laurinsäure	Laurate
$H_3C\text{-}(CH_2)_{10}\text{-}COOH$	Duodecansäure	Myristinsäure	Myristate
$H_3C\text{-}(CH_2)_{14}\text{-}COOH$	Hexadecansäure	Palmitinsäure	Palmitate
$H_3C\text{-}(CH_2)_{16}\text{-}COOH$	Octadecansäure	Stearinsäure	Stearate
$H_2C{=}CH\text{-}COOH$	Propensäure	Acrylsäure	Acrylate
$H_3C\text{-}(CH_2)_9\text{-}CH{=}CH\text{-}(CH_2)_7\text{-}COOH$	Octadecensäure	Ölsäure ($\Delta9$)	Oleate
$H_3C\text{-}(CH_2)_4\text{-}CH{=}CH\text{-}CH_2\text{-}CH{=}CH\text{-}(CH_2)_7\text{-}COOH$	Octadecadiensäure	Linolsäure ($\Delta9,12$)	Linolate
$H_3C\text{-}CH_2\text{-}CH{=}CH\text{-}CH_2\text{-}CH{=}CH\text{-}CH_2\text{-}CH{=}CH\text{-}(CH_2)_7\text{-}COOH$	Octadecatriensäure	Linolensäure ($\Delta9,12,15$)	Linolenate
$HOOC\text{-}COOH$	Carboxymethansäure	Oxalsäure	Oxalate
$HOOC\text{-}CH_2\text{-}COOH$	Carboxyethansäure	Malonsäure	Malonate
$HOOC\text{-}(CH_2)_2\text{-}COOH$	Carboxypropansäure	Bernsteinsäure	Succinate
$HOOC\text{-}(CH_2)_3\text{-}COOH$	Carboxybutansäure	Glutarsäure	Glutarate
$HOOC\text{-}CH{=}CH\text{-}COOH$ (cis)	Carboxypropensäure	Maleinsäure	Maleinate
$HOOC\text{-}CH{=}CH\text{-}COOH$ (trans)	Carboxypropensäure	Fumarsäure	Fumarate

Eigenschaften der Carbonsäuren

(a) Säurecharackter

Carbonsäuren können ein Proton abspalten (- COOH → - COO⁻), weil das Carbonsäureanion (Carboxylat) mesomeriestabilisiert ist. Das Salz ist somit energieärmer als die Säure. Die pK_S – Werte der meisten Carbonsäuren liegen im Bereich von 3 – 5.

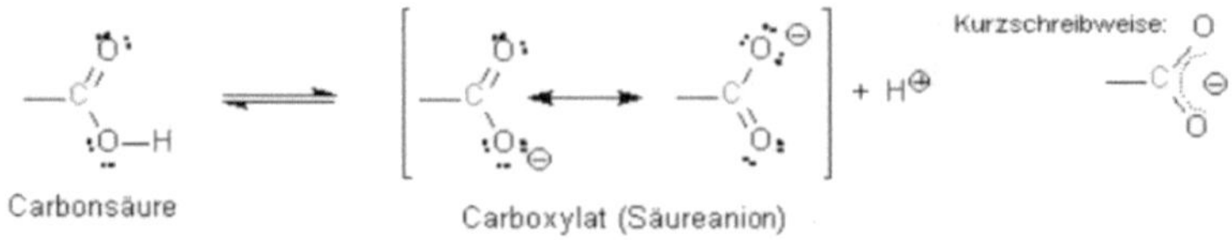

(b) Schmelz- und Siedepunkte

- Kurze Carbonsäure: Wasserstoffbrückenbindungen zwischen den Carboxylgruppen, hoher Schmelz- und Siedepunkt.
- Lange Carbonsäure: Van-der-Waals – Kräfte zwischen den Resten (aliphatisch, olefinisch, aromatisch), niedriger Schmelz- und Siedepunkt.

(c) Löslichkeit

- Carboxylgruppe hydrophil, Rest der Kette hydrophob.

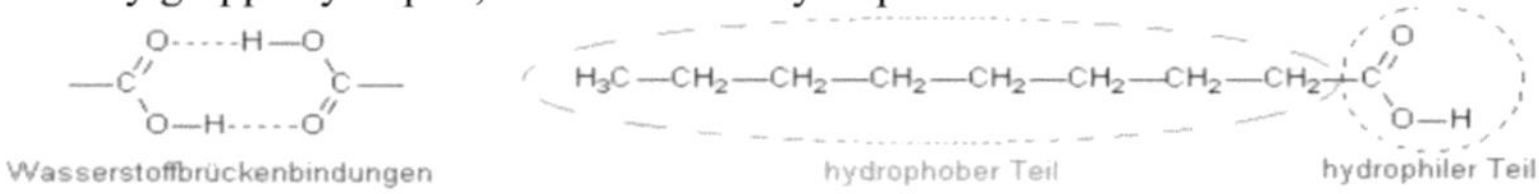

Reaktionen der Carbonsäuren

(a) Säure-Base – Reaktionen

Carbonsäure + Base → Carboxylat + Wasser.

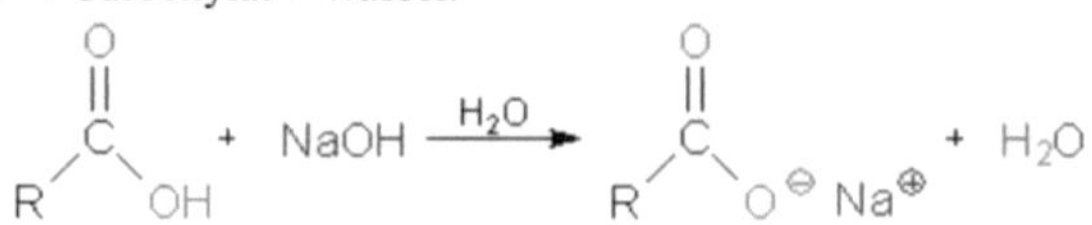

Carboxylat + Mineralsäure (HCl, HNO_3, H_2SO_4) → Carbonsäure + Salz der Mineralsäure.

(b) Reduktionsreaktionen

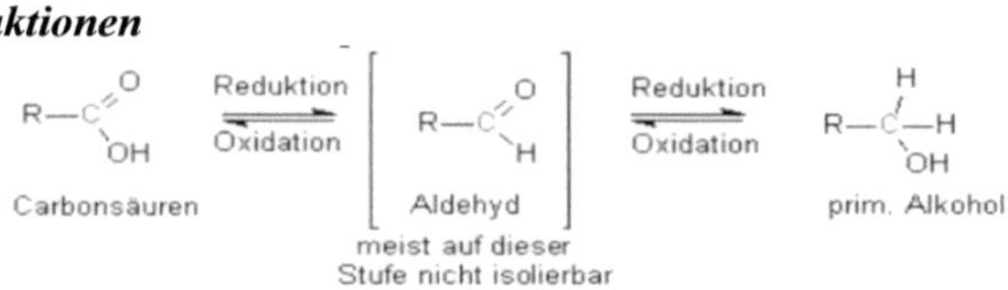

(c) Esterbildung

Carbonsäure + Alkohol → Carbonsäureester (C-O-R) + Wasser.

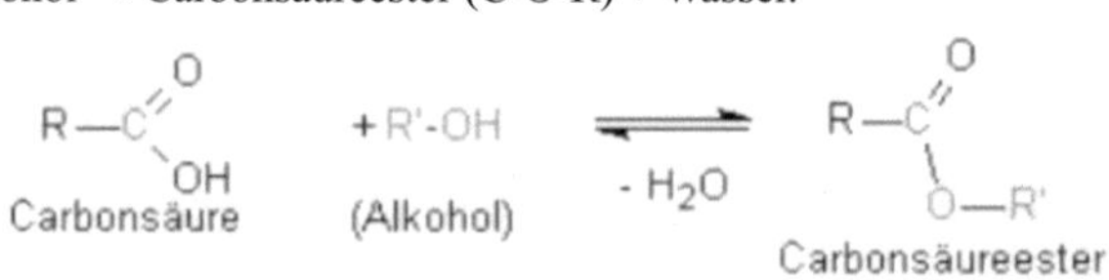

Mechanismus: Saure Veresterung bzw. Fischer Veresterung.

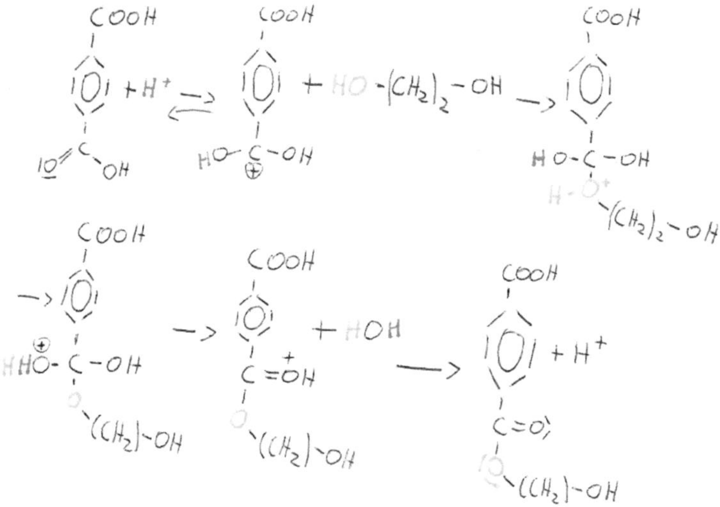

Zuerst wird die Terephtalsäure protoniert, wobei mehrere mesomere Grenzstrukturen auftreten könnten. Im Zuge der Anlagerung des Ethandiol ist das O des Alkohols positiv geladen, eine Umverlagerung des Hs führt zu einer Abspaltung von Wasser, eine weitere anschließende Abspaltung von H^+ stabilisiert das Ester.

Spezielle Fette: Triglyceride.
Glycerin + 3 Ölsäuren = Triglycerid + 3 Wasser.

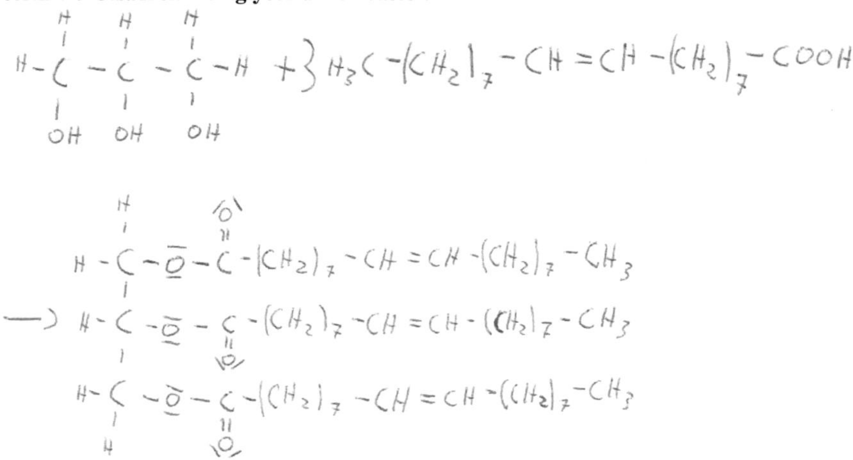

Rückreaktion: Triglycerid + 3 Wasser = Glycerin + 3 Ölsäuren.

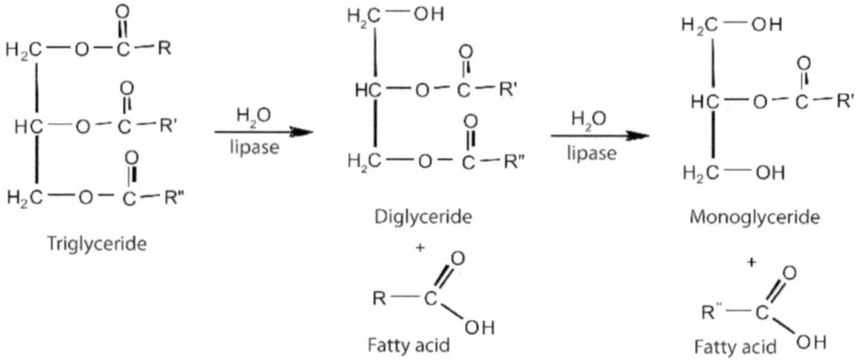

Nachweis / Probe ob Rückreaktion gelungen ist mittels Indikatoren z.B. Triphenylmethanfarbstoffe, welche basisch angereichert werden und durch Rückreaktion die Farbigkeit verlieren.

(d) Anhydridbildung

Carbonsäureanhydride haben als funktionelle Gruppe (Anhydridgruppe) – COOCO.

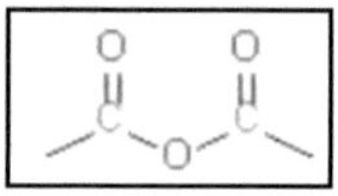

Herstellung: Dimerisation mittels Abspaltung von Wasser.

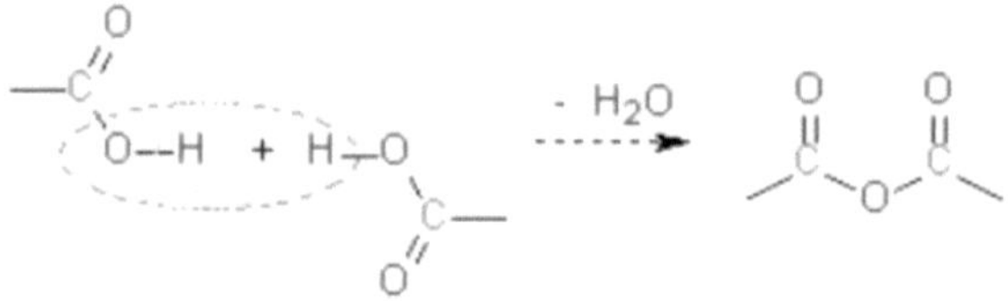

Anhydride sind deutlich reaktiver als Carbonsäuren oder Carbonsäureester und reagieren mit Wasser sofort zurück zu Carbonsäuren.
Nomenklatur: -anhdydrid anhängen.

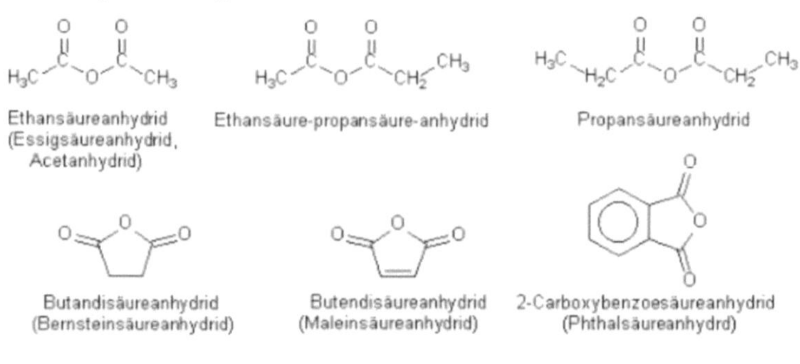

(a) **<u>äußeres</u> Anhydrid** (Bsp. Essigsäureanhydrid).

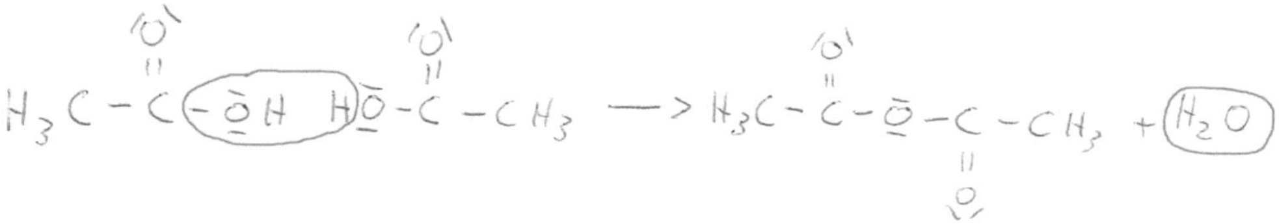

(b) **<u>inneres</u> Anhydrid** (Bsp. Maleinsäureanhydrid).

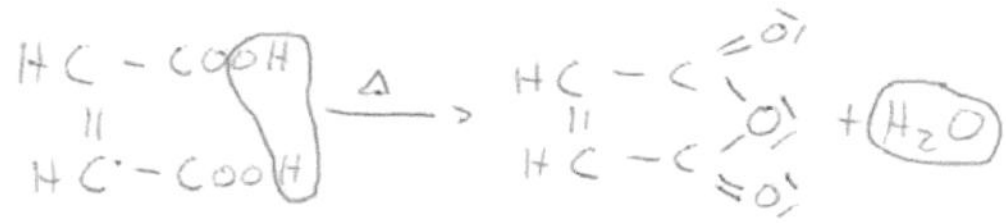

Alkalische Verseifung eines Carbonsäureesters

Carbonsäureester + Hydroxidionen → Carboxylat-Anion und Alkohol.

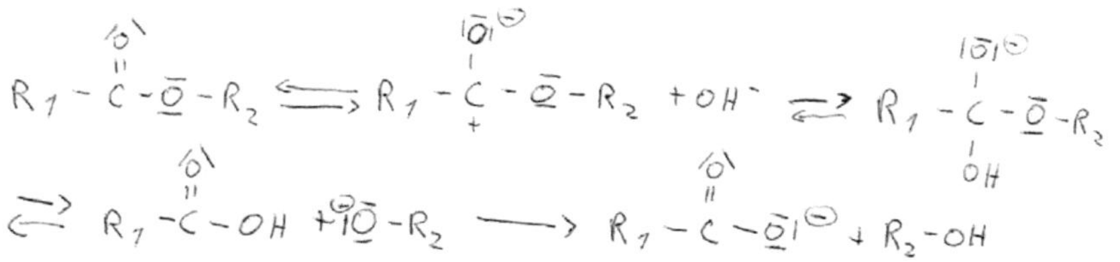

Nukleophiler Additions-Eliminierungsmechanismus.
Nukleophiler Angriff des Hydroxydions an das C-Atom der Carboxylgruppe. Orthocarbonsäuremonoester-Anion bildet sich, welches in eine Carbonsäure und ein Alkoholat zerfällt. Wegen Mesomerie entsteht das Carboxylat-Anion und das abgegebene Proton wird von dem Alkoholat aufgenommen (Protonenübergabe).

Phenole

Phenole sind stark toxisch, weshalb sie nur unter Beobachtung verwendet werden sollten und nur an bestimmte Chemiefirmen ausgehändigt werden dürfen. Die meisten Phenolderivate dagegen sind ungefährlich und sogar in vielen essentiellen Lebensmitteln oder biochemischen Substanzen.

Steckbrief (reines) Phenol

- Farbloser, nadelförmiger Kristall.
- Schmelzpunkt: 43°C
- Siedepunkt: 182°C
- Oxidiert an der Luft und wird rosa
- Verbrennt mit leicht rußender Flamme, elementarer Kohlenstoff bleibt übrig.
- Ist eine schwache Säure
- Van-der-Waals – Kräfte überwiegen, nur Hydroxylgruppe ist polar (kann Wasserstoffbrückenbindungen eingehen).
  → Schlecht wasserlöslich, gut löslich in Alkohol und anderen polaren Lösungsmitteln.

Phenolsynthese aus Chlorbenzol

(a) Chlorierung (Radikalische aromatische Substitution (S_RAr)), gemäß der **SSS – Regel**.

SSS – Regel: (Strahlung, Siedehitze, Seitenkette): radikalische Substitution. Reaktion findet unter SSS Bedingungen an Seitenkette, nicht am Kern statt.

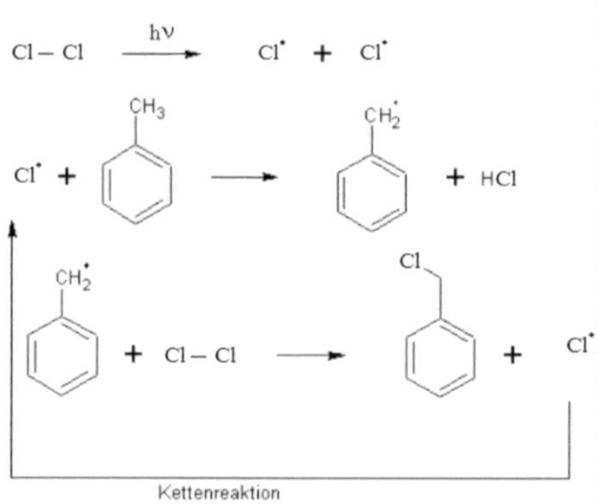

Durch eine photolytische, homolytische Spaltung erhalten wir zwei Chlorradikale, welche im ersten Schritt eine Radikalisierung der Seitenkette vornehmen. Das nun radikalisierte Teilchen wechselwirkt mit Cl_2 wodurch sich ein Chloratom an die Seitenkette bindet und gleichzeitig ein neues Radikal entsteht.

Alternativ kann man zur Bildung eines Radikals auch Radikalbildner wie Peroxide oder AIBN benutzen. Je höher die Halogenkonzentration im Vergleich zu der Radikalbindlerkonzentration ist, desto höher ist die Ausbeute, da die Radikalfängerreaktionen seltener auftreten.

(b) Hydrolyse.

Chlorbenzol mit Natronlauge unter hohem Druck hydrolysieren lassen. Natriumphenolat entsteht, welches man mit der Salzsäure aus Schritt (a) (oder irgendeiner anderen Säure) zu Phenol reagieren lassen kann.

Umweltbelastung:

Bei dieser Druckhydrolyse entstehen pro Tonne Phenol als Nebenprodukt 1,5 t Natriumchlorid. An Abwasser fallen 10 m^3 an. Bedenklich sind als Nebenprodukte gebildete mehrfach chlorierte Aromaten sowie Chlorphenole. [1]

Phenolsynthese aus Benzolsulfonsäure

(a) Herstellung des elektrophilen Agenzes.

$S + O_2 \rightarrow SO_{2(g)}$

$2 SO_2 + O_2 \xrightarrow{Pd} 2 SO_3$

$SO_3 + H_2O \rightarrow H_2SO_4$

Schwefeltrioxid ist ein starkes Elektrophil, da es durch die Sauerstoffmoleküle stark polarisiert wird.

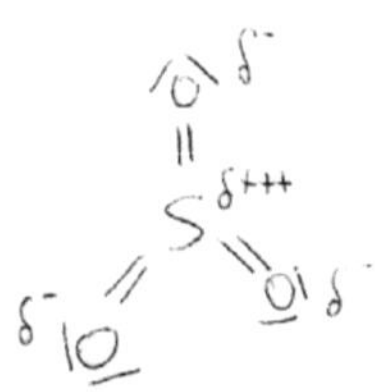

Alternativ kann man auch einfach **rauchende Schwefelsäure** (Schwefelsäure + Schwefeltrioxid) benutzen.

1 Quelle: http://www.chemieunterricht.de/dc2/wsu-teok/kap_0510.htm#phenol

(b) Sulfonierung.
Bei der Reaktion gibt es zwei Möglichkeiten:

Besonderheiten der Sulfonierung: Zwei mögliche Elektrophile; reversibler Vorgang.
Entweder man setzt **Schwefeltrioxid** hinzu, dann wird *kein Proton abgespalten* werden.
Man könnte aber auch **Sulfonsäure** hinzugeben und das *Proton* wird wie üblich *abgespalten.*

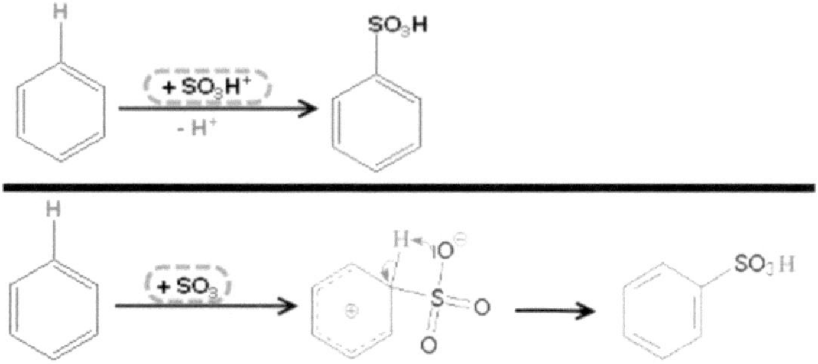

Es entsteht **Benzolsulfon-säure.** Diese ist eine sehr starke Säure (pK_S – Wert 0,7), weil ihre konjugierte Base **(Benzolsulfanat)** mesomerie-stabilisiert ist.

(c) „Verbackung“
Benzolsulfonsäure wird mit festem Natriumhydroxid verschmolzen („verbackt“).

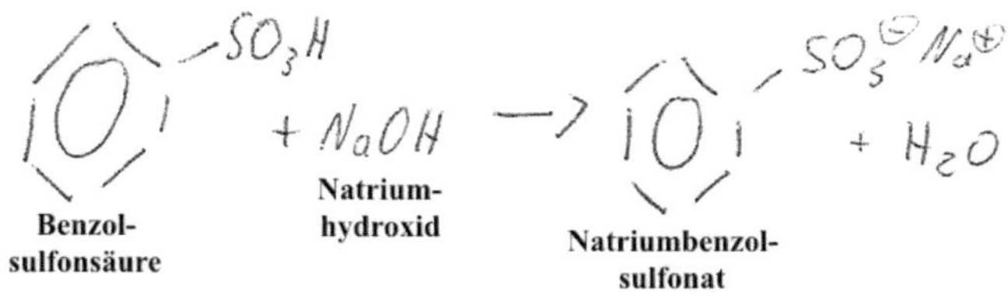

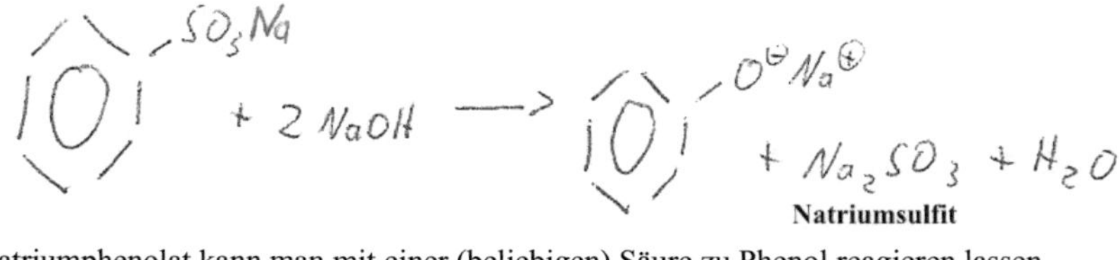

Das Natriumphenolat kann man mit einer (beliebigen) Säure zu Phenol reagieren lassen.
Umweltbelastung:
An Nebenprodukten entstehen pro Tonne Phenol bei der Neutralisation des Oleumüberschusses etwa 2 t Natriumsulfat und 1,4 t Natriumsulfit und bei der Umwandlung von Phenolat 0,61 t NaCl. Die Abwassermenge beträgt mehr als 10 m³.[2]

Die Hock'sche Phenolsynthese
Deutlich umweltfreundlicher als die anderen beiden Methoden, da die Menge an Sekundärstoffen und Abflussflüssigkeit gering ist und die Phenolausbeute ausgesprochen hoch ist.

2 Quelle: http://www.chemieunterricht.de/dc2/wsu-teok/kap_0510.htm#phenol

(a) Herstellung von Cumol.
Zuerst wird Propen mit Benzol zum Reagieren gebracht.

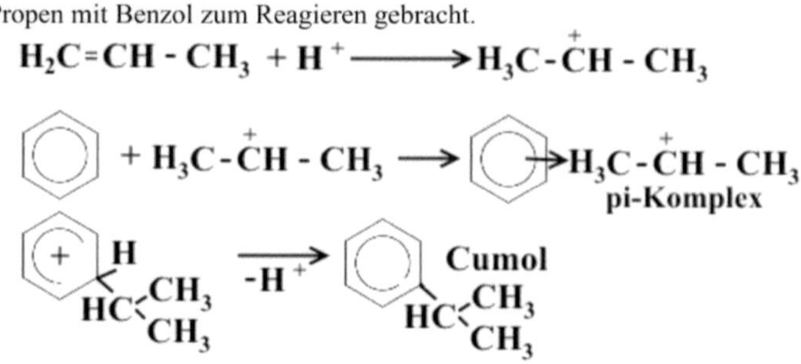

(b) Reaktion von Cumol zu Cumolhydroperoxid und anschließend zu Phenol.

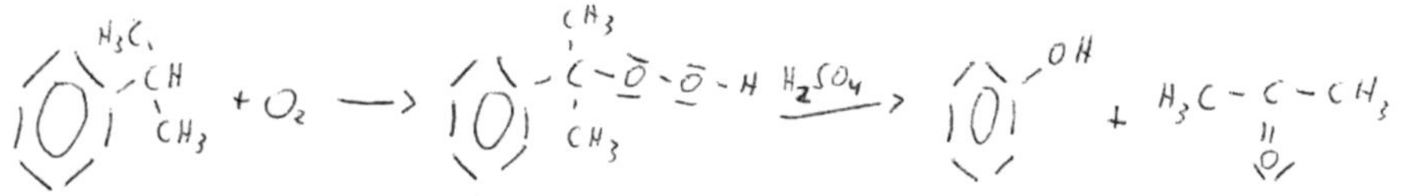

Das entstandene Aceton ist nicht giftig, es entfettet bei Kontakt die Haut, beim Einatmen reizt es die Bronchien und wirkt bei Aufnahme narkotisierend. Wegen diesen Eigenschaften und vor allem seinen Nutzen in vielen anderen chemischen Synthesen ist die Phenolherstellung nach Hock so umweltfreundlich.[3]

Nachweisreaktionen der Phenole.

Nachweis durch Azofarbstoffe.
(a) Herstellung des Diazoniumsalzes.

(a1) Herstellung des diazotischen Reagenzes.

3 Quelle: http://www.chemieunterricht.de/dc2/wsu-teok/kap_0510.htm#phenol

(a2) Herstellung des Ausgangsstoffes der Azokopplung.

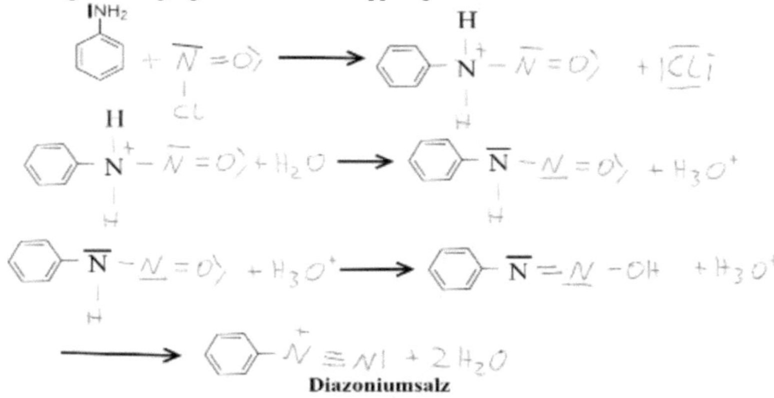

(b) Reaktion mit Phenol.[4]

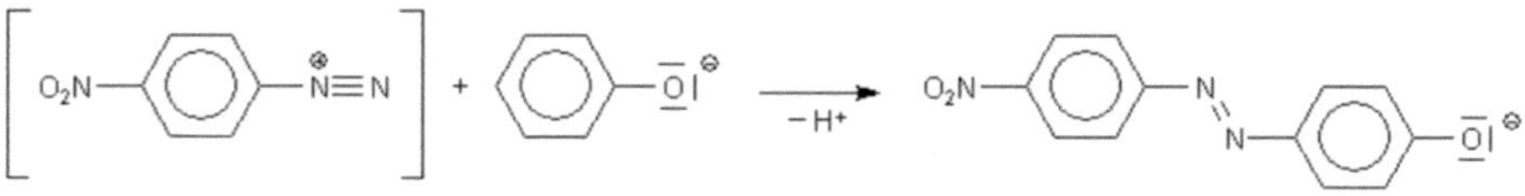

Die entstandene Verbindung wird p-Hydroxyazobenzol genannt und reflektiert rote Wellen des Lichtes. Dieser Nachweis eignet sich auch hervorragend zur quantitativen Bestimmung über ein Photometer.

Phenolnachweis über den Triphenlyfarbstoff Aurin.

Fügt man drei Komponenten Phenol mit einer Komponente Oxalsäure zusammen, reagieren diese zum Triphenylfarbstoff Aurin, gemäß einer dreifachen Fridel-Craffts – Acylierung.

4 Bildquelle: http://www.chemieunterricht.de/dc2/phenol/nachw.htm

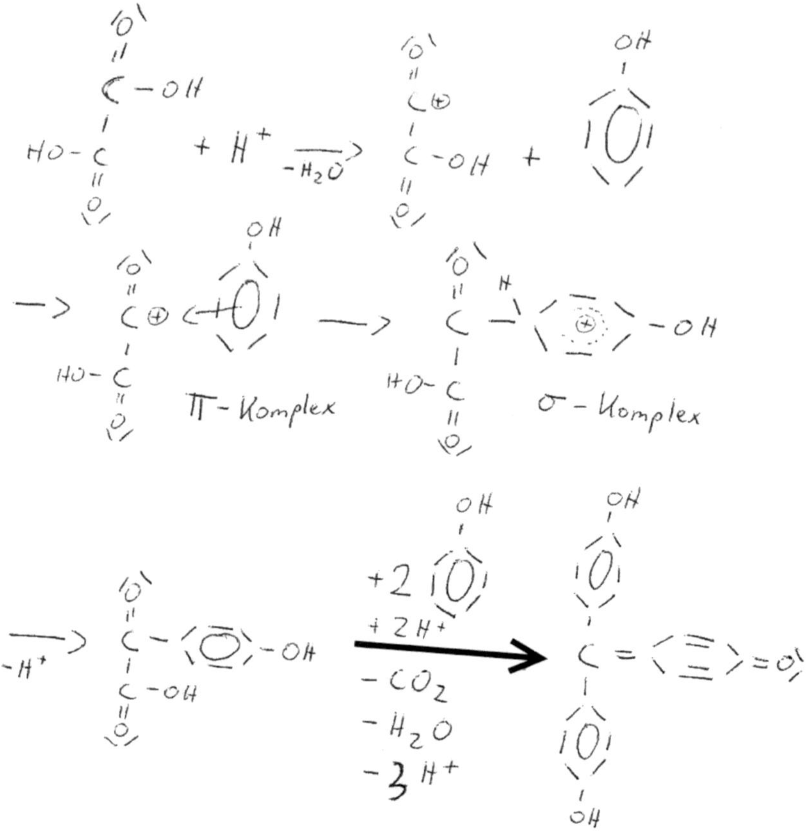

Phenolnachweis mittels der Liebermann'schen Farbreaktion.[5]

(a) Herstellung des elektrophilen Agenzes.

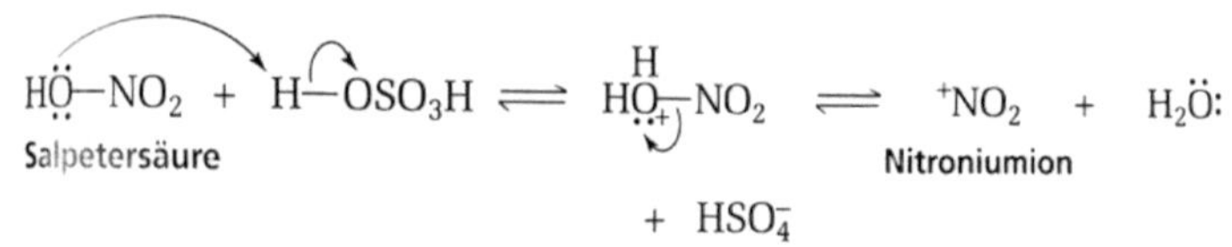

Schwefelsäure protoniert Salpetersäure, welche dann unter Abgabe von Wasser das Nitroniumteilchen bildet.

5 Bildnachweis: http://www.chemieunterricht.de/dc2/phenol/nachw.htm

(b) Herstellung des Farbstoffes.

Zuerst reagiert das Phenol mit dem Nitroniumion unter Säurekatalyse zu p-Nitrosophenol.

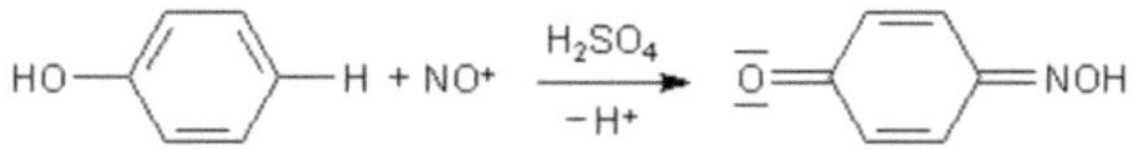

Danach reagiert das Nitrosophenol mit einem weiterem Phenol unter Säurekatalyse zum sogenannten Indophenolmonosulfat, welches bei unterschiedlichen pH-Werten auch unterschiedliche Farbigkeiten aufweist.

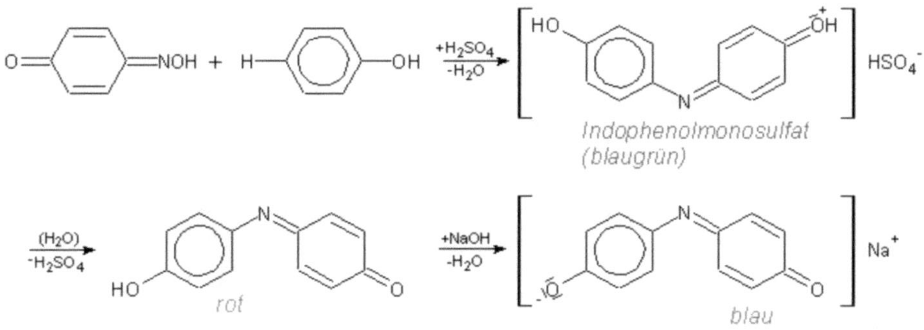